# LETTRES
# A ÉLISA,
# SUR L'ARITHMÉTIQUE.

TROYES, IMP. DE Me BOUQUOT.

# LETTRES
# A ÉLISA,
# SUR L'ARITHMÉTIQUE,

Par B.-L. Adam.

A PARIS,
CHEZ RENARD, A LA LIBRAIRIE DU COMMERCE,
RUE Ste-ANNE, No 71;
ET A TROYES,
CHEZ Me BOUQUOT, IMPRIMEUR-LIBRAIRE.

1823.

## *ERRATA.*

Page 16, ligne dernière, mais on rem
gauche, lisez *mais on les place à*

Page 21, ligne 12, à se la faire, lisez *à te*

Page 111, ligne 12, le total 14532, lisez 14

Page 128, ligne 3, et non pas l'énoncer, lis
*pas l'énoncé.*

# A Elisa.

*Ma chère Fille,*

J'ai remarqué avec plaisir ton goût pour l'arithmétique. Je te présente aujourd'hui un essai sur cette science ; c'est une partie bien importante de l'éducation.

Reçois ce présent comme celui d'un ami, seul titre que je réclame près de toi : celui de père impose aux enfans de la reconnaissance; mais moi, m chère Elisa, je ne sais point exiger une affection que je considère comme une obligation remplie; je ne veux être que ton véritable ami.

De ma chaumière,
ce 22 sept. 1827.

# Souscripteurs.

S. A. R. M$^{gr}$ le Dauphin.

S. A. R. Madame, duchesse de Berry.

MM.

Adam-Marcellin.
Adnot.
Amiot, chef de bureau.
Angenoust-Sutaine, conseiller.
Arson de Menois, maire.
Arson de Rosières, maire.
Avalle-Duplessis, conseiller.
Baconnière de Salverte.
Baudouin, professeur.
Bert, architecte.
Bouquot, imprimeur.
Brocard, juge.
Camusat de Rilly.

MM.

Collot, médecin.

Corps de Mauroy ✱, président.

Dalbanne (Ve).

Dampierre (marquis de), pair de France.

De Baussancourt (baron).

De Breuil ✠ ✱, directeur.

De la Briffe (comte), maréchal de camp, député.

De Laffertey.

De Mesgrigny (vicomte).

De Montbreton (marquise).

De Nogent (comte).

De Noiron ✱, sous-préfet.

De Paillot ✱, *idem.*

Desmares, payeur.

De Tugnot, lieutenant de Roi.

De Valsuzenay (baron).

De Wismes (baron) ✱, préfet de l'Aube.

Dollat.

Dupont-Godard.

Dupuis.

MM.

Frérot.

Giraud.

Goria.

Guy ☼, conservateur.

Guyot, ancien avocat.

Grundler (comte) ☼☼, lieutenant-gén.

Hastier-Corbat.

Hubert.

Jolly de Munsthal.

Jourdan, ingénieur en chef.

Lavigne.

Lavocat-Senart, maire.

Lefèvre-Mergey.

Lerouge.

Levasseur de Biare.

Louvrier, chef de bureau.

Marcotte ☼, receveur-général.

Marin, de Chappes.

Marloy.

Masson, maître des requêtes.

Monin, garde général.

MM.

Naudet, chef de bureau.
Paillard, *idem*.
Paillot.
Paillot-Deloynes.
Paillot de St-Léger ❋, vice-président.
Paillot, secrétaire général.
Parigot aîné, entrepreneur.
Parigot cadet.
Parigot ( Napoléon ).
Parigot ( Théodore ).
Passador ❋, capitaine.
Pavée de Vandeuvre ( baron ), député.
Perrier ( Casimir ), député.
Portret, de Châtillon.
Rambourgt, receveur.
Rivière ❋, sous-préfet.
Robin, conseiller.
Royer-Bacquias.
Tallon, de Doches.
Terray, propriétaire.
Toulouse, chef de bureau.
Trumet, président.

# LETTRES
## A ÉLISA,
## SUR L'ARITHMÉTIQUE.

## INTRODUCTION.

Cet essai sur l'arithmétique se compose de plusieurs lettres ; leur grande variété permet, en lisant celles de son choix, d'éviter la monotonie reprochée fort souvent aux traités de ce genre.

Plusieurs de ces lettres forment d'ailleurs un résumé de celles qui les précèdent ; à ce moyen, rien de ce qu'il importe de connaître ne peut rester en arrière.

Ces lettres conviennent aux personnes chargées de l'instruction ; mais c'est avec plaisir que je les offre aux jeunes gens :

beaucoup d'entre eux sont pendant leurs études obligés d'acquérir, dans un court espace de tems, une foule de connaissances, et ne peuvent s'occuper avec fruits de l'arithmétique journalière.

Les jeunes personnes y trouveront une introduction aux écritures du commerce, et alors, sans cesser d'embellir le comptoir, le magasin, celles qui s'y destinent pourront devenir le plus bel ornement comme le plus utile soutien d'une maison de premier ordre. La ville de Troyes nous en fournit des exemples; ajouterai-je qu'elle possède un modèle unique..... mais ici je dois m'arrêter, pour ne pas blesser la pieuse modestie d'une personne respectable, que tout le monde révère autant que ses contemporains l'admirent.

# LETTRE PREMIÈRE.

Comme il se pourrait bien, ma chère amie, que dans mon essai sur l'arithmétique je ne puisse venir à bout de contenter tout le monde, ce qui est difficile en effet, je ne veux rien donner au hazard ; et, pour que ce livre puisse servir à ton instruction et à celle de beaucoup d'autres, je déroule à tes yeux ce qui s'appelle l'arithmétique dans sa perfection.

Je réclame ta plus grande attention pour ce début, et sa lecture t'en dira déjà bien plus que maint gros volumes.

On a donné le nom d'arithmétique à la science des nombres.

Le nombre est une multitude d'unités mises ensemble.

L'arithmétique se divise en quatre parties, addition, soustraction, multiplication et division.

Elle emploie dix caractères différens qui ont reçu le nom de chiffres.

| 1 | 2 | 3 | 4 | 5 | 6 | 7 |
|---|---|---|---|---|---|---|
| Un | deux | trois | quatre | cinq | six | sept |

| 8 | 9 | 0 |
|---|---|---|
| huit | neuf | zéro. |

Il n'y en a réellement que neuf qui signifient quelque chose ; zéro ne signifie rien, s'il n'est précédé de l'un des neuf chiffres.

Pour exprimer dix, le zéro précédé du chiffre un vaut dix ; il en sera de même pour les autres chiffres, lesquels précédant zéro, augmenteront toujours de dix fois leur valeur.

Terminons cet exposé par une table de numération, afin de pouvoir exprimer la valeur de plusieurs chiffres joints ensemble.

| Million. | Centaine de mille. | Dixaine de mille. | Mille. | Centaine. | Dixaine. | Nombre. | Commence à lire par le mot nombre. |
|---|---|---|---|---|---|---|---|
| 4 | 2 | 3 | 5 | 6 | 2 | 3 | |
| Quatre millions | deux cents | trente | cinq mille | six cent | vingt | trois francs. | Ici on commence à lire par le mot quatre millions. |

Nous en savons assez pour passer à la première règle.

# LETTRE 2.

## ADDITION. — *Première Règle.*

ON donne à cette première règle le nom d'addition, parce qu'elle sert à ajouter plusieurs sommes ensemble; pour obtenir une somme totale, on dispose les sommes les unes sous les autres, de telle sorte que les nombres soient placés exactement sous les nombres, les dixaines sous les dixaines, ainsi des centaines et des autres nombres. On souligne le tout, puis l'on commence à compter par la plus petite espèce : ici les deniers qui font en tout 28, et qui valent deux sous quatre deniers; je pose les 4 deniers sous la colonne des deniers, et retenant deux sous, je les joins à la seconde colonne, celle des sous, et trouvant par calcul 27 sous, je pose 7 sous et retiens les deux dixaines, qui jointes à la seconde colonne des sous, je trouve en tout cinq dixaines, qui font bien cinquante sous, ou 2 livres dix sous ; je pose une dixaine, qui vaut dix sous, devant les 7 sous déjà posés, et retenant deux livres, et 8 font 10, et 4 font 14, et 2 font 16, et 4 font 20; je pose zéro et retiens 2 dixaines que je pose colonne B, et continuant d'ajouter de même ordre, de colonne en colonne, ainsi que je l'ai expliqué ci-dessus, j'obtiens pour somme totale :

*Opération.*

| | | C | B | A | | | | | |
|---|---|---|---|---|---|---|---|---|---|
| | | 1 | 1 | 8 | livres | 12 | sous | 3 | deniers. |
| | | 9 | 3 | 4 | — | 19 | — | 11 | |
| | | 1 | 1 | 2 | — | 18 | — | 6 | |
| | | 2 | 6 | 4 | — | 6 | — | 8 | |
| TOTAL... | 1 | 4 | 3 | 0 | — | 17 | — | 4 | |

Quatorze cent trente livres dix-sept sous quatre deniers.

## LETTRE 3.

SOUSTRACTION. — *Seconde Règle.*

SOUSTRAIRE est ôter un petit nombre d'un plus grand, afin de connaître ce qui reste ; voici l'opération :

| | | | |
|---|---|---|---|
| Il est dû | 86 livres | 8 sous | 7 deniers. |
| On a payé | 78 — | 12 — | 10 |
| Reste à payer | 7 — | 15 — | 9 |
| La preuve, | 86 — | 8 — | 7 |

Remarque bien que, commençant par les derniers, je dis hardiment : Qui de 7 paie 10 ne peut ; il me faut donc emprunter un sou, lequel vaut 12 deniers, qui avec 7 font 19 ; alors, qui de 19 paie 10 reste bien 9, que je pose sous les deniers ; passant aux sous où je trouve écrit 8 sous, que je ne peux compter que pour 7 à cause du sou emprunté, je dis de 7 paie 12 ne peut, j'emprunte une livre sur le premier chiffre des livres, lequel vaut 20 sous, et 7 font 27 ; à présent, je dis et peux dire de 27 paie 12 reste 15, que j'écris sous la colonne des sous ; enfin, car il faut en finir, je passe aux livres, et comptant seulement pour 5 le chiffre 6, à cause de mon emprunt de tantôt, je dis de 5 paie 8 ne peut, j'emprunte de suite ma dixaine sur la figure suivante, et je termine par dire de 15 paie 8 reste 7. Il est évident que tout est fini ; car le 8 suivant ne vaut plus que 7, qui, payant à son tour 7, reste rien. La preuve se fait en additionnant ce qui reste à payer avec ce qu'on a payé ; et, si ces deux sommes additionnées font la même que celle qui est due, la règle sera juste.

Il est nécessaire de marquer d'un point chaque chiffre, à mesure que l'on emprunte, pour éviter de se tromper. Voyons de suite la multiplication.

## LETTRE 4.

Rien n'empêcherait, ma chère Elisa, de continuer, au moins jusqu'en division, cette parfaite arithmétique ; mais déjà la multiplication mérite plus de développement ; c'est pourquoi, après avoir *amplement* payé mon tribut d'éloges à nos anciens, je me permettrai d'abord de traiter rapidement ce qui a été l'objet des trois précédentes lettres, ensuite j'essaierai, je dois le répéter, à te faire connaître l'arithmétique journalière.

L'arithmétique est la science des nombres ; le nombre est une multitude d'unités mises ensemble ; l'unité est un terme de comparaison. Deux règles forment toute l'arithmétique, c'est l'addition et la soustraction, viennent ensuite comme auxiliaires la multiplication et la division. L'usage de l'arithmétique est de représenter tous les nombres, d'en connaître la valeur, de les ajouter ensemble, les soustraire les uns des autres, les multiplier entre eux et les partager.

Elle emploie dix caractères différens, les voici :

| 1 | 2 | 3 | 4 | 5 | 6 |
|---|---|---|---|---|---|
| un | deux | trois | quatre | cinq | six |

| 7 | 8 | 9 | 0 |
|---|---|---|---|
| sept | huit | neuf | zéro. |

Ce dernier, le zéro, ne signifie rien par lui-même ; mais, placé à côté de quelques-uns des autres signes, il les rend dix fois plus forts ; ainsi, une seule figure ne vaut que sa valeur, 5 simplement ne vaut que cinq, et, accompagné d'un zéro, il vaudra cinquante, ou dix fois cinq, et s'écrira 50 ; cinq, avec deux zéros, vaudra cinq cents, ou 500, ou cent fois cinq ; 5, avec trois zéros, vaudra cinq mille, ou

5000, ou mille fois cinq ; il en est ainsi pour tous les autres chiffres.

Si, au lieu de zéro, il y a l'un des chiffres ci-dessus, ces caractères conservent leur valeur selon leur ordre numérique ; déjà 5437 signifie

5000 400 30 et 7 unit.
cinq mille quatre cent trente-sept.

Six tout seul ne vaut que 6; mais, si l'on place un zéro à sa droite, comme 60, il vaut alors soixante ; un 6, qui se trouverait placé au lieu du zéro, donnerait pour valeur 66, et s'écrirait soixante et six, et de même pour tous les autres chiffres.

De telle sorte que, par convention, dix unités sont nommées une dixaine, que l'on compte par dixaines comme par unités, deux dixaines, trois, quatre, cinq dixaines, etc. ; ces unités de convention s'écrivent avec les mêmes caractères que l'unité simple ; mais on remplace à gauche de ces dernières : ainsi, pour représenter soixante-six, qui renferme 6 dixaines et 6 unités, on a dû convenir d'écrire 66.

Par suite de la même convention on a formé des centaines, ou plutôt une unité nommée centaine, parce que dix fois dix unités font cent unités simples. On place ces centaines à la gauche des dixaines : ainsi, pour représenter six cent soixante-six, qui renferme 6 centaines, 6 dixaines et 6 unités, on a dû convenir d'écrire 666.

Les mille proviennent de dix fois cent, qui font mille, et tiennent aussi la gauche des centaines : ainsi, six mille six cent soixante-six, s'écrivent 6666; de là, en suivant cette marche, huit mille six cent soixante-quatre s'écrivent 8664, huit mille neuf, 8009, huit mille s'écrivent 8000.

Au-dessus des mille le même système

a créé des dixaines de mille, centaines de mille, million, dixaine de million, centaine de million, des billions, etc.

Bornons - nous dans nos desirs, ma chère Elisa, et terminons par essayer de nombrer 142,327,284. Pour y parvenir, séparons d'abord le nombre de trois en trois de sa droite à sa gauche, nous reportant ensuite de gauche à droite, en nous rappelant que la première tranche à droite renferme les centaines d'unité; celle au-dessus, les centaines de mille; que la suivante au - dessus s'appelle des centaines de million : nous aurons cent quarante-deux millions trois cent vingt-sept mille deux cent quatre-vingt-quatre unités.

## LETTRE 5.

L'ADDITION n'est que l'assemblage de plusieurs sommes pour en obtenir une qui les contient toutes, qu'il s'agisse donc d'ajouter :

| | DCBA |
|---|---|
| (*a*) Mille trois cent cinquante-huit francs, ci. . . . | 1358 |
| Cinq cent treize francs. . . | 513 |
| Huit cent quatre-vingt-six francs. . . . . . . . . . . . . | 886 |
| Dix-neuf cent trente-sept francs. . . . . . . . . . . . . | 1937 |
| Et cent quatre-vingt-quatorze francs. . . . . . . . . . | 194 |
| TOTAL. | $4888^{2}_{2}$ (*b*) |

(*a*) Il est mieux de dire treize cent cinquante-trois francs.

(*b*) Ces petits chiffres sont ceux retenus : l'ha-

La règle posée, les unités se trouvent sous la colonne A.

Les dixaines, sous la colonne B.

Les centaines, sous la colonne C.

Les mille, sous la colonne D.

Je commence par les unités, colonne A, 8 et 3 font 11, et 6 17, et 7 24, et 4 28 ; en 28 je pose 8 unités et retiens deux dixaines. Passant à la colonne B, je dis : deux de retenu et 5 font 7, et 1 8, et 8 16, et 3 19, et 9 28 ; ici, en 28 dixaines, je pose 8 et retiens deux centaines ; passant à la colonne C, les centaines, je continue, en disant : deux de retenu et 3 font 5, et 5 10, et 8 18, et 9 27, et 1 28 ; posant 8 centaines, et reportant 2 mille à la colonne D, celle des mille, je termine, en disant : deux de retenu et 1

---

bitude de les écrire le plus possible est excellente à contracter, afin de vérifier à volonté l'exactitude de l'opération.

font 3, et 1 font 4 ; je pose 4, la règle est terminée. Le tout est bien quatre mille huit cent quatre-vingt-huit francs, formant, en chiffres, 4888.

Voilà, ma chère Élisa, l'addition toute entière ; cette règle ne se complique que par les mille et une conventions qui enchaînent les hommes de tous états et de tous pays. L'addition est la règle principale, et se présente dans toute opération, depuis la simple question qui sert à se la faire bien connaître, jusqu'à la plus haute des connaissances mathématiques.

## LETTRE 6.

Je t'engage bien sincèrement à retenir tout ce qui précède, et à t'exercer ensuite sur l'addition. On peut l'appeler simple, quand elle ne présente que des nombres entiers ; elle se dit composée, quand les unités sont suivies de parties d'unités, comme des sous, des centimes, des parties d'aune, de mètre, de toise, etc.

On ne finirait pas s'il fallait suivre la marche tortueuse de l'esprit humain dans ces divisions et subdivisions de l'unité ; l'addition en francs et centimes peut déjà, sauf la position précise du point ou de la virgule décimale, être considérée comme simple ; elle nous fait connaître à n'en pas douter combien il est facile d'obtenir le centième de l'unité, d'avoir alors de vrais nombres entiers. Tout doit donc nous porter à donner au calcul décimal une préférence exclusive.

Je termine par la table des unités dont l'usage est le plus fréquent.

*Monnaies.*

| | | |
|---|---|---|
| ₶ | Livre, | 20 sous. |
| ʃ | Sou, | 12 deniers. |
| ₰ | Denier. | |

*Poids.*

| | | | |
|---|---|---|---|
| ℔ | Livre, ou | 2 marcs, ou | 16 onces. |
| M. | Marc, | 1 marc, | 8 onces. |
| O. | Once, | 1 once, | 8 gros. |
| G. | Gros, | 1 gros, | 3 deniers. |
| g. | Grain. | 24 grains, | 1 denier. |

*Longueurs.*

| | | | |
|---|---|---|---|
| T. | Toise, | 1 toise, | 6 pieds. |
| P. | Pied, | 1 pied, | 12 pouces. |
| p. | Pouce, | 1 pouce, | 12 lignes. |
| L. | Ligne, | 1 ligne, | 12 points. |

*Décimal.*

Mètre, ou 3 p. 11 lignes 296 millièmes, ancien pied de roi (longueur).

Décimètre, dixième partie du mètre.

Centimètre, centième partie du mètre.

Millimètre, millième partie du mètre.

Hectare, 100 ares ; are, 100 centiares (mesure agraire).

Litre, ou décimètre cube de capacité.

Stère, ou mètre cube (mesure de solidité).

Décistère, ou dixième partie du stère, ou mètre cube ; nouvelle solive pour le bois carré.

Franc, unité principale de la monnaie.

Centime, centième du franc.

## LETTRE 7.

Pour arriver à l'addition composée, il faut savoir, en premier lieu, que la livre tournois valait 20 sous ; le sou 12 deniers ; le franc égale 100 centimes, ainsi :

| | | | |
|---|---|---|---|
| 6 | deniers, ou moitié d'un sou, égalent en centimes, | 0f | 02c 50 |
| 12 | deniers, ou un sou, égalent cinq centimes, | 0 | 05 |
| 2 | sous se traduisent en calcul décimal, dix centimes, | 0 | 10 |
| 3 | sous, quinze centimes, | 0 | 15 |
| 4 | — vingt centimes, | 0 | 20 |
| 5 | — vingt-cinq centimes, | 0 | 25 |
| 6 | — trente centimes, | 0 | 30 |
| 7 | — trente-cinq centimes, | 0 | 35 |
| 8 | — quarante centimes, | 0 | 40 |
| 9 | — quarante-cinq cent. | 0 | 45 |

| | | | | |
|---|---|---|---|---|
| 10 | sous, | cinquante centimes, | 0 | 50 |
| 11 | — | cinquante-cinq cent. | 0 | 55 |
| 12 | — | soixante centimes, | 0 | 60 |
| 13 | — | soixante-cinq cent. | 0 | 65 |
| 14 | — | soixante-dix centimes, | 0 | 70 |
| 15 | — | soixante-quinze cent. | 0 | 75 |
| 16 | — | quatre-vingts cent. | 0 | 80 |
| 17 | — | quatre-vingt-cinq cent. | 0 | 85 |
| 18 | — | quatre-vingt-dix cent. | 0 | 90 |
| 19 | — | quatre-vingt-quinze c. | 0 | 95 |
| 20 | — | cent centimes, | 1 | franc. |

## LETTRE 8.

L'ADDITION composée de livres, sous et deniers, donne l'idée de l'ancien calcul; sa traduction en francs et centimes introduit au calcul décimal, nous connaissons la valeur d'une livre tournois en sous, celle d'un franc en centimes. Le rapport entre ces deux manières de calculer nous deviendra familier, d'abord en relisant ce qui précède, ensuite à force de faire des additions de l'une et l'autre espèce, seul moyen d'acquérir la promptitude et l'exactitude, deux qualités qui caractérisent le bon calculateur.

| | C | BA |
|---|---|---|
| Ajoutons quatre livres dix-sept sous, ci. . . . . . . . . . . . | 4ᵗᵗ | 17ſ |
| Trois livres seize sous, | 3 | 16 |
| Cinq livres huit sous, | 5 | 8 |
| Quatre livres trois sous, | 4 | 3 |
| TOTAL. | 18 | 4 |

Commençant par les sous, colonne A, 7 et 6 font 13, et 8 21, et 3 24; en 24 je pose 4 sous, et retiens 20 sous, ou deux dixaines de livres, lesquelles ajoutées à la colonne B, en disant : deux retenus et 1 font 3, et 1 4 ; ce qui me donne bien quatre dixaines, ou quarante sous, ou enfin deux livres, que je trouve en disant sur mes quatre dixaines : La moitié de 4 est 2, et, reportant mes deux livres à la colonne C (*a*), où sont les livres, je termine en disant : 2 de retenus et 4 font 6, et 3 9, et 5 14, et 4 18, je pose 8, et j'avance 1.

Le calcul décimal va nous servir, pour cette fois seulement, de preuve à l'opération ci-dessus, et de suite tu vas reconnaître qu'il est le seul à suivre.

---

(*a*) S'il eût été question de 50 sous, il serait resté une dixaine de sous qui aurait été portée en avant des 4 sous.

Traduisons d'abord notre addition.

| | | |
|---|---|---|
| Quatre livres dix-sept sous égalent bien | 4f | 85c |
| Trois livres seize sous, | 3 | 80 |
| Cinq livres huit sous, | 5 | 40 |
| Quatre livres trois sous, | 4 | 15 |
| TOTAL. | 18 | 20 |

Considère tout ceci comme des nombres entiers, alors le total est 1820 centimes, qui, séparés par le point décimal, laissent pour total, au lieu de 18<sup>tt</sup> 4<sup>f</sup>, un total de dix-huit francs vingt centimes.

# LETTRE 9.

## Addition composée.

Une toise vaut six pieds; le pied, douze pouces ; le pouce, douze lignes.

On propose d'ajouter

| | | | |
|---|---|---|---|
| 4 T. | 2 P. | 3 p. | 9 lignes. |
| 2 | 5 | 4 | 11 |
| 9 | 4 | 11 | 11 |
| 8 | 2 | 9 | 10 |
| 25 T. | 3 P. | 6 p. | 5 lignes. |

La somme des lignes monte à 41, qui font 3 pouces 5 lignes ; je pose cinq lignes et retiens trois pouces, que j'ajoute avec les pouces : le tout me donne 30, qui valent deux pieds six pouces ; je pose les 6 pouces, et je retiens les deux pieds, qui, ajoutés avec les pieds, me donnent quinze pieds, qui valent deux toiscs trois pieds ; je pose les trois pieds, et j'ajoute les deux toises avec les toises. Le tout monte à vingt-cinq, en sorte que la somme est $25^{T}$ $3^{P}$ $6^{p}$ $9^{l}$.

L'examen de cette opération te démontrera qu'il faut commencer toujours par les parties de l'espèce la plus petite ; que l'idée de la subdivision étant présente à l'esprit, tu dois reporter ce qui forme les unités de l'espèce qui est supérieure, et n'écrire au produit que le reste de l'opération ; par exemple, il a fallu poser ici 5 lignes sous les lignes, puisque 41 lignes contiennent 3 pouces 5 lignes : il a fallu de même poser 6 pouces sous les pouces, puisque le total de ces pouces s'est trouvé être 30, lesquels 30 contiennent bien 2 pieds 6 pouces ; on n'a pour total de pieds qu'un nombre 3, puisque 15 pieds donnent 2 toises et 3 pieds. Enfin, tout ce travail n'avait pour but que de trouver le nombre de toises, il est de 25, avec une fraction subdivisée, telle que l'unité toise le demandait.

---

# LETTRE 10.

L'ARITHMÉTIQUE se divise en deux parties, l'art de compter, et ce même art appliqué aux calculs journaliers. La première partie est d'une extension infinie ; on la nomme science des nombres ; la deuxième, de tout instant, se restreint néanmoins aux subdivisions d'une unité principale, que chacun se choisit d'après son besoin ; la nécessité de se rendre compte, soit en recette, soit en dépense, est commune à tout le monde ; c'est donc de ce point que nous devons partir ; il indique, comme premier calcul, le franc, le centime, la livre et les sous.

Une livre dix sous s'écrit 1$^{\text{lt}}$ 10ʃ ; c'est ici la livre tournois valant vingt sous, plus dix sous, moitié de cette livre de convention ; les dix sous, cette moitié de livre, est déjà ce qui se dit une fraction. Un franc cinq centimes s'écrit 1. 05. Un franc égale cent centimes; l'unité est un franc, et cinq centimes, ou cinq centièmes, se disent fraction du franc.

En examinant les variantes du zéro, par une lecture attentive d'une grande série de chiffres ayant pour valeur l'unité monétaire décimale, on se pénètre bien que ce signe auxiliaire remplace la valeur absente, tient la place enfin de l'unité dixaine, centaine, etc. Tout en donnant à celle d'une somme quelconque sa véritable valeur en francs et centimes, ou toute autre unité soumise au calcul décimal, soit en livres, sous, francs, centimes, toises, pieds, pouces, lignes, livres de poids, arpens, hectares, telle convention humaine qui puisse exister, l'addition est *une*; il ne s'agit que de prendre note des subdivisions d'une unité, quelle qu'elle soit.

## LETTRE II.

Que chacun définisse la soustraction à sa manière, cette opération, ma chère Elisa, se réduit à comparer un nombre avec un autre pour en connaître la différence.

| | | |
|---|---|---|
| De | 42. | 75 |
| On paie | 31. | 50 |
| Reste | 11. | 25 |

Ici je considère tout comme nombres entiers, sauf la position du point décimal, et commençant à droite, les centimes,

De 5 paie 0, reste 5.
De 7 paie 5, reste 2.
De 2 paie 1, reste 1.
De 4 paie 3, reste 1.

La preuve a lieu par l'addition ;

| | | |
|---|---|---|
| En effet, | 31. | 50 |
| Plus | 11. | 25 |
| Egale, | 42. | 75 |

| | |
|---|---|
| De 907<br>Oter 799<br>Reste 108 | De 17 paie 9, reste 8. Je dois dire de 17, puisque 10, emprunté et apporté sur 7, doit s'augmenter de ce 7. |
| | De 9 paie 9, reste 0. |
| | De 8 paie 7, reste 1. |

C'est en t'exerçant sur plusieurs soustractions que tu acquerras l'habileté désirable. Je terminerai cette lettre par une soustraction qui présente à peu près toutes les difficultés dont on affecte de croire trop souvent cette règle susceptible.

| | | |
|---|---|---|
| De | 30640710$^{f}$ | 00$^{c}$ |
| Oter | 27637867 | 95 |
| Reste | 3002842$^{f}$ | 05$^{c}$ |

## LETTRE 12.

La multiplication, ma chère Elisa, sert à trouver, par le prix d'une chose, la valeur de plusieurs autres ; c'est une grande addition ; mais aussi est-il à peu près impossible de jouer avec cette règle auxiliaire, si l'on ne possède par cœur les résultats suivans :

| | | | | | | | |
|---|---|---|---|---|---|---|---|
| 3 fois | 4 | font | 12. | 4 fois | 7 | font | 28. |
| —— | 5 | | 15. | —— | 8 | | 32. |
| —— | 6 | | 18. | —— | 9 | | 36. |
| —— | 7 | | 21. | 5 fois | 5 | font | 25. |
| —— | 8 | | 24. | —— | 6 | | 30. |
| —— | 9 | | 27. | —— | 7 | | 35. |
| 4 fois | 4 | font | 16. | —— | 8 | | 40. |
| —— | 5 | | 20. | —— | 9 | | 45. |
| —— | 6 | | 24. | —— | 10 | | 50. |

| | | | |
|---|---|---|---|
| 5 fois 11 font 55. | | 6 fois 6 font 36. | |
| —— 12 | 60. | —— 7 | 42. |
| —— 13 | 65. | —— 8 | 48. |
| —— 14 | 70. | —— 9 | 54. |
| —— 15 | 75. | 7 fois 7 font | 49. |
| —— 16 | 80. | —— 8 | 56. |
| —— 17 | 85. | —— 9 | 63. |
| —— 18 | 90. | 8 fois 8 font | 64. |
| —— 19 | 95. | —— 9 | 72. |
| —— 20 | 100. | 9 fois 9 font | 81. |

Etc.

C'est ici l'instant de savoir compter au moins deux nombres l'un par l'autre ; de pouvoir dire ce petit tableau de mémoire, absolument de mémoire, sans quoi on ne saura jamais bien multiplier. J'ai profité d'une occasion bien naturelle pour porter jusqu'à 20 la multiplication par cinq, attendu qu'au calcul décimal cinq centimes représentent un sou ; il faut pouvoir dire de suite de 1 à 100, combien de centimes forment de sous. Cette traduction est journalière, et l'ignorer serait un grand défaut, aujourd'hui surtout. Un excellent moyen de bien retenir ce petit tableau, qu'on peut à juste titre appeler indispensable, c'est de le copier deux ou trois cents fois de suite : il se trouvera gravé à jamais dans la mémoire.

## LETTRE 13.

Bien persuadé que tu n'auras rien négligé pour connaître la multiplication d'un nombre par un autre, que tu sais, ce qu'on est convenu d'appeler par *cœur*, le petit tableau qui fait l'objet de la lettre précédente, je passe de suite à la multiplication de trois chiffres par deux.

Je veux multiplier 647
par 24

| | |
|---:|---|
| 2588 | p[t] de 4 par 647 |
| 1294 . | p[t] de 20 par 647 |
| 15528 | p[t] de 24 par 647 |

Je commence par 4, unité de 24, et multiplie, en disant : 4 fois 7 font 28, je pose 8 et retiens 2 ; puis, sans quitter ce

4 de 24, je continue, en disant : 4 fois 4 (le 4 de 647) font 16, et 2 retenus font 18, je pose 8 et retiens 1; 4 fois 6 (le 6 de 647) font 24, et un retenu font 25, je pose 25, c'est-à-dire 5, et avance 2. J'ai déjà, tu le vois aussi bien que moi, le produit des unités 4 de 24, par 647; je pose un point sous l'unité 8 du produit 2588, et, prenant pour nouveau multiplicateur les dixaines de 24 ou 2, je dis 2 fois 7 (le 7 de 647) font 14, je pose 4 à côté du point, c'est-à-dire aux dixaines, sous deux de 24 qui ont produit ce 4, en revenant immédiatement sur ma gauche enfin, puis continuant, 2 fois 4 font 8 (le 4 de 647) et 1 de retenu donne 9, que je pose : enfin 2 fois 6 (le 6 de 647) font 12, je pose 2 et avance 1, ce qui me donne le produit de 20, par 647. Faisant de suite l'addition, j'ai 15,528, pour produit de 24 multiplié par 647, ou mieux, si tu

le peux saisir dès à présent, 647 fois 24. Cette opération est finie.

Que reste-t-il à faire, sinon d'en poser soi-même de suite une centaine au moins, d'en varier les chiffres, de les exécuter à volonté, afin d'obtenir la faculté de bien multiplier. Il n'y a pas de meilleur maître que l'usage, lui seul rend habile, et, ce qui paraît le plus difficile, devient avec lui la chose la moins compliquée. Cette observation est une règle générale, elle vaut tous les traités, toutes les leçons même.

## LETTRE 14.

Déja éloigné des pages destinées au développement du système de la numération actuelle, il convient de mettre sous tes yeux quelques variantes produites en multiplication par le zéro.

Lorsqu'il se trouve des zéros à la fin du nombre qui multiplie ou de celui qui est à multiplier, on les sous-entend, on passe outre, pour ainsi dire, ayant le soin de les reporter au produit.

Ainsi 842 à multiplier par 200, se pose ainsi :

$$\begin{array}{r} 842 \\ 2 \\ \hline 168400 \\ \hline \end{array}$$

De même, 84200 à multiplier par 12, se pose ainsi : 842

12

1684

842.

1010400

Si le zéro se trouve intermédiaire dans le nombre qui doit multiplier ou l'autre nombre, par exemple, 842 par 204, arrivé au zéro du milieu, je pose un nouveau point à côté de celui provenant du principe qui veut qu'on recule de dix en dix, en revenant à gauche, et je continue l'opération.

Exemple. 842

204

3368

1684..

171768

Enfin, si zéro est dans l'un et dans l'autre des nombres à multiplier, voici l'opération :

```
   802
   204
------
  3208
1604..
------
163608
```

J'ai dit 4 fois 2 font 8, je pose 8, 4 fois zéro, zéro, je pose zéro, et 4 fois 8 font 32.

Ensuite, posant le point qui tient lieu d'unité, je pose un second point à cause du zéro de 204, et continuant, 2 fois 2 font 4, 2 fois zéro, je pose zéro ; enfin, 2 fois 8 font 16.

Je t'engage à t'exercer sur ces divers exemples.

## LETTRE 15.

MAINTENANT posons 24 pour 1er facteur, et que le 2e fact. soit 24

Le pt des unités est 96 ou 4 par 24.
Le pt des dixaines est 48. ou 20 par 24.

TOTAL. 576.

D'abord, l'unité du 2e facteur 4, par 4 unités du premier, donne 16; je pose 6 et retiens 1 dixaine, ou, mieux ici, un; ensuite 4 par 2, égale 8 dixaines, et 1 de retenu, donnent 9; je pose les 9 dixaines en avant des 6 unités ; j'ai donc le produit de l'unité du premier facteur, par les unités et dixaines du 2e; c'est ce que j'ai indiqué ci-dessus, produit de 4 par 24, ou 96.

Je pose un point sous le 6 de 96, attendu que je passe aux dixaines du 2e facteur, en disant : 2 fois 4, 8, c'est-à-dire, deux dixaines qui appartiennent au 2e facteur, multipliées par les 4 unités du premier, égalent 8 dixaines ; je pose alors 8, sans retenue, en avant de mon point, sous le 9 de 96 enfin. Le point ou zéro tient ici place d'unités, et donne la valeur aux dixaines ; et, pour terminer, je dois dire 2 dixaines, ou simplement 2 par 2, qui sont au-dessus, donnent quatre, qui se posent en avant du 8 déjà obtenu, et se trouvent ce qui doit être aux centaines ; je nomme cette dernière opération le produit des dixaines, ou 20 par 24 ; je souligne le tout, et, faisant l'addition, 6, je pose 6, 9 et 8 17, pose 7 et retiens 1, et 4 font 5, total 576. Ainsi 24 par 24 égalent 576.

## LETTRE 16.

Passons de suite à la multiplication de trois chiffres.

Soit 875, premier facteur,
Par 575, deuxième facteur.

4375 ou 5 unités par 875.
6125. ou 7 dixain. par 875.
4375.. ou 5 cent. par 875.

Total. 503125

Au lieu d'unités sans valeur, s'il eût été question de multiplier huit arpens soixante-quinze cordes par cinq francs soixante-quinze centimes l'arpent, la règle n'était à faire autrement que celle ci-dessus ; cent cordes forment l'arpent comme cent centimes forment le franc.

Mais la partie fractionnaire, telle que 75 cordes et 75 centimes, donne lieu à retrancher du produit autant de décimales, c'est-à-dire de parties de centaines qu'il y en a aux deux facteurs. Cette règle de retranchement est générale en calcul décimal ; elle s'applique aussitôt le produit obtenu ; il en résulte que nos cinq cent trois mille cent vingt-cinq unités diminuées de quatre chiffres, laisseraient, pour produit visible et en rapport avec l'unité monétaire, 50f 31c seulement ; il ne manque donc que la position et le jeu du point décimal, tel que le présente l'opération suivante.

```
     8.75
     5.75
  --------
     4375
    6125.
   4375..
  --------
  50,31.25   Réponse,   50f 31c.
```

La quantité de chiffres ne doit jamais effrayer : rien n'est difficile quand on apporte la bonne volonté et l'amour du travail.

On a acheté 576 aunes de drap à 5# 15ʃ l'aune ; je considère 5# 15ʃ comme 115 sous, et posant 576 pour premier facteur,

et 115 pour deuxième fact.

2880
576.
576..

6624(0

La moitié, 3312, j'ai 3312# pour réponse.

Combien ce genre de calcul est simple, bien qu'ancien ! Ici le bon choix fait tout.

## LETTRE 17.

J'ALLAIS mettre en oubli un principe qui sert d'introduction à la multiplication composée ; le voici : En opérant de droite à gauche, un nombre est doublé, tandis que, de gauche à droite, il est réduit de moitié. Sans répéter ce qui se passe en numération, si tu veux connaître la moitié de 875, tu la trouveras en partant du 8, dont la moitié est 4, puis celle de 7 est de 3 pour 6, reste une dixaine, laquelle, ajoutée aux cinq unités, donne lieu à dire : la moitié de 15 est de 7 pour 14, reste bien une unité, celle qui complète le nombre 15, or, la moitié d'une unité, c'est l'autre moitié, c'est une demie. Qu'il soit question de doubler 437 $\frac{1}{2}$, résultat de l'opération ci-dessus, on commence par la droite, la demie doublée égale un entier; cet entier se retient dans la pensée, et, doublant de suite le 7, on retrouve 14, auquel ajoutant l'entier retenu, cela fait 15, pose 5 et retiens la dixaine, puis, passant aux dixaines exprimées par trois, deux fois trois, ou mieux ici, 3 doublé vaut 6, et une dixaine retenue fait 7, pose 7, enfin, 4 doublé vaut 8, ce qui nous rend 875.

*Opérations.*

| | La moitié. | | Le double. |
|---|---|---|---|
| | 875 | | 437 $\frac{1}{2}$ |
| Résultat. | 437 $\frac{1}{2}$ | Résultat. | 875 |

Nous conclueronsalors, ma chère Elisa, que doubler, tripler, quadrupler, etc., c'est multiplier par deux, trois, quatre, etc.

Et que prendre la moitié ou demie, le tiers, le quart, etc., c'est tout simplement diviser (a) par deux, trois, quatre, etc.

---

(a) Ce mot est ici par anticipation.

## LETTRE 18.

Avant d'arriver à la multiplication composée, il m'a paru fort convenable d'ajouter à la lettre 17, qu'il suffit pour mettre les sous, par exemple, en livres tournois, de retrancher la dernière figure, à droite, l'unité qui alors ne peut être plus élevée que neuf, et ne peut être que des sous, puis prendre la moitié de tous les autres chiffres composant la somme donnée ; ainsi, 875 sous donnent 43ᵗᵗ 15ʃ.

La preuve de cette opération se trouve en doublant 43ᵗᵗ 15ʃ d'une manière relative, c'est-à-dire, en multipliant par 20, valeur d'une livre d'abord, les 43ᵗᵗ, qui reproduit 860 sous, à quoi ajoutant les

15 sous venant du nombre obtenu, on retrouve 875 sous.

Nous voyons, lettre 6, la subdivision du pied de roi ; je veux réduire 14 pieds 3 pouces en pouces ; je multiplie 14 pieds par 12 pouces, valeur d'un pied, j'ai 168 pouces, auxquels ajoutant les 3 pouces venant de la question, je trouve 14 pieds 3 pouces valoir 171 pouces.

Qu'il s'agisse de mettre ces pouces en toises, pieds et pouces ; j'appelle ces derniers pouces restans, en effet ils doivent rester sous leur forme, qui est vraiment la plus petite expression exigée par la question. ( Ce dernier rapport s'applique à la première opération de 14 pieds 3 pouces, à réduire en pouces. )

Je divise, ou plutôt je prends le 12$^{e}$, celui de 17 est 1 pour 12, et, reportant 5 avec l'unité suivante qui termine le nombre 171, j'ai 51, dont le 12$^{e}$ est 4 pour

48, puisque 4 fois 12 font 48, or, 48, pour atteindre 51, me présente 3 pouces, et mon total est 14 pieds 3 pouces, or, comme il faut 6 pieds pour une toise, je prends le 6ᵉ de 14 pieds, il est de 2 pour 12, il me reste donc 2 pieds à poser à côté, plus mes trois pouces restans.

*Opérations.*

| | |
|---|---|
| | 171 pouces. |
| Le 12ᵉ | 14 pieds 3 pouces. |
| Le 6ᵉ | 2 toises 2 pieds 3 pouces. |

C'est en s'appliquant à ces sortes d'opérations que l'on parvient, par analogie, à opérer facilement sur toute autre mesure, monnaie, ou poids de convention.

# LETTRE 19.

COMMENCE, ma bonne amie, à te rendre un peu plus habile ; prouve-moi que tu profites, non-seulement par la lecture de ces lettres, mais même par un grand nombre d'opérations calquées sur ce qu'elles contiennent, depuis la première jusqu'à celle-ci; je vais continuer à t'aplanir quelques difficultés sur la multiplication composée.

S'agit-il, par exemple, de 164 aunes de marchandise à 13 sous, regarde tout comme des nombres entiers de même espèce; multiplie de suite 164 par 13, le produit sera 2132, lesquels donneront à payer,en ancien calcul, 106# 12ſ.

En calcul décimal, on aurait dit : 13 sous valent 65 centimes ; car 13 sous, multipliés par 5 centimes, valeur d'un sou, égalent bien 65 ; or, 164 aunes, par 65, donnent 10660$^{c}$, dont les deux derniers chiffres à droite étant séparés comme centimes par le point décimal, laissent à découvert, pour produit, 106$^{f}$ 60$^{c}$.

C'est en répétant cent fois s'il le faut ces sortes d'opérations et celles qui vont suivre, que tu obtiendras la faculté de calculer soit en ancien, soit en nouveau calcul. Je termine par une multiplication composée.

| | | |
|---|---|---|
| On a acheté | 164 | aunes $\frac{1}{2}$ |
| à | 8₶ | 10ſ |
| | 1312 (*a*) | |
| | 82 (*b*). | |
| | 4₶ | 5ſ (*c*). |
| Total. | 1398₶ | 5ſ. |

(*a*) Produit de 164 aunes à 8₶.

(*b*) La moitié de 164, ou 164 aunes à 10ſ.

(*c*) Valeur de la demi-aune.

## Calcul décimal.

164 aunes ½ se traduisent 164f 50c.

8ᵗᵗ 10ſ se traduisent 8 50.

*Opération.*

```
   164.5
     8.5
  ------
    8225
  13160.
  ------
 1398.25   1398f 25c, réponse.
  ------
```

J'ai séparé deux décimales, puisqu'il y en a deux d'indiquées par le point décimal.

## LETTRE 20.

Il y a cent contre un à parier, ma bonne amie, que, bien long-temps encore, on sera forcé d'employer les mesures anciennes : celles purement décimales ne sont point familières, et la tolérance apportée au système des toises (en 1812), et autres mesures usuelles, nécessite une lettre sur la toise en particulier.

Il s'agit de pouvoir évaluer la superficie de 4 toises 5 pieds 3 pouces, par 3 toises 2 pieds 1 pouce, ce qui devient l'objet d'une multiplication composée ; je réduis 4 toises 5 pieds 3 pouces à sa plus simple expression, en multipliant d'abord par 6 pieds, valeur d'une toise ; le produit donne 29 pieds, c'est-à-dire, 24 pieds, à cause de 4 fois 6, et 29 pieds, en ajoutant à 24 les 5 pieds venant de la question.

Je multiplie 29 pieds
par 12 pouces (*a*)

(*b*) 348
Plus 3 de la question.

J'obtiens 351.

Opérant de même sur 3 toises 2 pieds 1 pouce, j'ai 241.

*Opération.*

351 pouces
Par 241

351
1404.
702..

84591 pouces quarrés.

---

(*a*) 12 pouces donnent un pied.

(*b*) Dans le siècle des lumières, on voit assez clair pour multiplier de suite au moins par 12. Ici j'ai dit : 9 fois 12 108, je pose 8 et retiens 10 ; 2 fois 12 24, et 10 retenus 34, ce qui a produit 348.

## LETTRE 21.

L'ANTICIPATION est toujours dangereuse; mais ici elle sert à guider, à éclaircir, et, d'ailleurs, elle est permise, puisqu'il s'agit de completter l'opération qui fait l'objet de la lettre précédente.

J'ai dit que le produit en pouces quarrés était 84591. Voici la réduction à faire, en se servant de la division.

Le dividende sera ce nombre 84591 de pouces quarrés.

Le diviseur sera d'abord 144 pouces, valeur du pouce quarré, ou 12 par 12; le quotient 587.

Une deuxième division aura lieu :

Le dividende sera 587 pieds quarrés;

Le diviseur sera 36 pieds, valeur d'une

toise quarrée, ou 6 par 6 ; le quotient sera 16 toises quarrées.

| 1re division. | | 2e division. | |
|---|---|---|---|
| 84591 | 144 pouces. | 587 | 36 P. |
| Reste 63 | 587 P. q. | Reste 11 | 16 T. |

| Ainsi, | 4 T. | 5 P. | 3 pouces |
|---|---|---|---|
| par | 3 | 2 | 1 |

produisent 16 T. 11 P. 63 pouces quar.

## LETTRE 22.

---

La pagination d'un livre donne l'idée de la série naturelle, et sa lecture complète ce qui s'appelle la connaissance de notre systême actuel de numération ; mais, pour résumer ce qui précède, parvenir à bien entendre ce qui suivra, je vais, sur un des nombres de la suite naturelle, ou peut-être sur plusieurs, te faire considérer d'abord qu'une réunion de points ...... ont pu donner naissance aux chiffres, qu'alors, parvenu à neuf, le zéro est venu comme auxiliaire donner de la valeur aux signes choisis pour exprimer un nombre.

*Exemple.*

. . . . . . . . . .

— . . . . . . . . .

Un 1 — . . . . . . . .

Deux 2 — . . . . . . .

Trois 3 — . . . . . .

Quatre 4 — . . . . .

Cinq 5 — . . . .

Six 6 — . . .

Sept 7 — . .

Huit 8 — .

Neuf 9 —

Dix 10

Rien n'empêcherait d'obtenir ainsi quatre-vingts, qui se trouverait dès-lors 80, et, à cause du zéro, 80 sera pour nous huit dixaines d'unités ; le zéro qui suit ici huit lui donne en effet une valeur dix fois plus forte ; placé avant ce 8, il ne présenterait à l'idée que huit unités, 08. Ce raisonnement appliqué aux neuf caractères ou chiffres, produirait, par exemple, 11, ou onze, 22, ou vingt-deux, 33, ou trente-trois, etc., et par imitation bien permise, 12, ou douze, 21, ou vingt-un, 23, ou vingt-trois, 32, ou trente-deux, etc.

---

## LETTRE 23.

Suivons notre résumé, et remarque bien ici, ma chère Elisa, que 80 peut se considérer d'abord comme la réunion de quatre-vingts points, et aussi comme celle de 1 et 79, 2 et 78, 3 et 77, etc. Tel est le principe qui régit *l'addition*.

80 peut provenir d'une différence entre deux nombres qu'il s'agissait de comparer, par exemple, 180 avec 100, 1742 avec 1662, etc., ce qui se nomme *soustraction*.

Deux règles générales, additionner et soustraire, voilà l'arithmétique toute entière ; car la multiplication n'est qu'une addition abrégée, pour parvenir à obtenir plus vite un grand produit ; et la division ne sert que pour ôter, aveo rapidité, un produit, certain nombre de fois, d'un autre plus grand.

On a dit, pour multiplier, combien donnerait un nombre multiplié par un autre, ou plus simplement, écrivons ce nombre autant de fois que cet autre nombre nous l'indique, pour obtenir le total d'une *addition*.

On a mis en principe, pour la division, combien de fois peut - on retrancher ce nombre d'un autre nombre, ou plutôt combien de fois un nombre en contient-il un autre, ce qui n'est toujours qu'une *soustraction*.

De-là, on a créé des noms.

En multiplication : Le nombre à multiplier est dit *multiplicande ;* celui qui multiplie est dit *multiplicateur*.

Le résultat a conservé le nom *produit*.

On dit aussi de ces deux agens, qu'ils

sont *les facteurs de la multiplication*; ce titre leur convient parfaitement.

En division : Le nombre à diviser est le dividende; celui par lequel on divise est nommé diviseur; le résultat de l'opération se nomme quotient ; c'est ici le nombre qui marque combien de fois l'un contient l'autre.

---

## LETTRE 24.

Sans perdre notre tems, reprenons notre résumé, et, pour abuser le moins possible de l'attention que tu m'accordes, servons-nous du nombre 40. Aurais-tu la patience d'écrire quarante fois quarante ? tu y consens ; eh bien, ma chère amie, additionne, tu obtiendras pour produit seize cents ; une seconde addition plus facile, c'est la *multiplication* ; avec elle tu diras : 4 fois 4 font seize, à quoi ajoutant les deux zéros qui suivent les facteurs, le produit sera aussi 1600 ;

Si, de 1600, on ôtait l'un des facteurs, ou 40, quarante fois de suite, il ne resterait rien, c'est justement la division ;

c'est enfin, je l'ai déjà dit, une véritable *soustraction.*

| Le dividende 1600 | 40 diviseur. |
| --- | --- |
| Le reste 0 | 40 quotient. |

Ce qui se fait, en disant : en 16, combien 4, 4 fois, que je porte au quotient, puis, comme en multiplication, disant : 4 fois zéro, du zéro du dividende, quitte; puis 4 fois 4, 16, de seize, quitte. Les trois premiers chiffres, ou 160, contenaient le diviseur : ils ont suffi pour opérer ; le quatrième chiffre, qui est un zéro, n'a d'autre rôle à jouer, que d'aller se rejeter à côté du 4 du quotient, pour en former 40, et tenir ce qui doit être, la place de l'unité.

De cette courte explication, il résulte que le nombre 1600 est ici produit de 40 par 40; que le quotient, multiplié par le diviseur, reproduira toujours le dividende (règle générale); que tout nombre, soumis à la division, a pour premier facteur le diviseur, et, pour deuxième facteur, le quotient.

---

# LETTRE 25.

Pour bien saisir la division, nul doute qu'on ne doive s'appuyer d'abord d'une multiplication ; certainement, si tu as bien étudié ce qui précède, tu verras de suite que 43 par 7 donnent 301 ; que ce produit peut se déclarer dividende ; qu'alors, si tu prends 7 pour diviseur, le quotient sera 43, ou l'autre facteur ; que 43, au contraire, soit placé diviseur, 7 deviendra quotient.

Dans toute division, il faut remarquer si le reste de l'opération de soustraction est plus fort que le diviseur ; car, alors, il est évident que le diviseur étant une fois, au moins, contenu dans le reste, si plus n'était, le quotient devrait être augmenté d'une unité au moins aussi.

N'oublie pas, non plus, que le reste de la soustraction partielle, plus la partie du quotient, doit, à chaque fois, reproduire le dividende ; ces caractères, distinctifs d'une bonne division, en sont d'ailleurs la base et le vrai principe ; le reste d'une division, c'est-à-dire la portion du dividende restant non-divisée, s'ajoute à la preuve par multiplication, afin de reproduire entièrement le dividende, ce qui a lieu, lorsque le diviseur ne se trouve pas contenu dans ce reste.

*Divisions.*

$$\begin{array}{r|l} 301 & 43 \\ \cline{2-2} .00 & 7 \end{array}$$

$$\begin{array}{r|l} 301 & 7 \\ \cline{2-2} 21 & 43 \\ 0 & \end{array}$$

Preuve.

$$\begin{array}{r} 43 \\ 7 \\ \hline 301 \end{array}$$

Encore un exemple de division, et sa preuve par la multiplication.

| | | | |
|---|---|---|---|
| (*a*) 487 | { 17 | | 28 |
| 147 | { 28 | | 17 |
| | | | 196 |
| 11 | | | 28 . |
| | | Reste | 11 |
| | | | 487. |

---

(*a*) Deux fois dix-sept ſont trente-quatre, et 14 de reste ſont bien 48.

## LETTRE 26.

La division mérite une attention soutenue ; à elle seule elle est une arithmétique, puisqu'on y trouve toutes les règles réunies ; pour cette raison, je veux te la détailler en ancien et nouveau calcul, ne rien laisser en arrière sur cette opération journalière, la suivre pour ainsi dire pas à pas.

On veut diviser 458 par 12.

*Opérations.*

1re partie.

$$\begin{array}{r|l} 458 & 12 \\ \cline{2-2} 9 & 3 \end{array}$$

Je cherche en 4, combien de fois 1, ou

en 45, combien de fois 12; ne pouvant de suite déterminer combien de fois 12 est contenu dans le dividende 458, je conclus, de ma première donnée, qu'il y a trois à porter au quotient, en voici la raison : quatre contient un trois fois, et il ne contient pas douze; quarante-cinq contient douze trois fois, et non pas quatre fois, enfin, 458 contient 12 un certain nombre de fois, et cependant l'œil ne peut indiquer à l'esprit que les dixaines de ce nombre encore inconnu. Disons donc : en 45, 12 est trois fois; puis, multipliant 3 par 12, ce qui donne 36; et, ôtant 36 de 45, il reste 9.

On pourrait dire, et c'est ce qui arrive le plus souvent, 3 fois 2 font 6 de quinze, nombre formé du 5 de 45, augmenté d'une dixaine empruntée pour l'instant sur le quatre de quarante-cinq, il reste neuf, et, retenant cette dixaine, on doit continuer la multiplication, en disant : 3 fois 1, 3, et un de retenu fait 4, de quatre quitte ; ce dernier quatre est bien celui de 45.

---

## LETTRE 27.

Voici la deuxième partie de la division prise pour exemple, lettre 26, ou 458 par 12.

458 { 12
98 { 38
2

Je descends le 8 de 458 à côté du 9 restant, et j'ai une nouvelle division à faire, de 98 par 12.

Ici, en 9 combien de fois 1, il y est, pour la règle, huit fois seulement ; je pose 8 au quotient, et, multipliant 8 fois 2, ou mieux, 2 fois 8 font 16, de 18, j'ai pu dire, ici, de 18, bien que je ne voie 18 que par 8, et, un emprunté sur le 9 de 98, j'aurais pu dire, à la première partie, 3 fois

12 36, de 45 reste 9, ici je pourrais dire : 8 fois 12, 96, de 98 reste 2; car 45, première partie, et 98, deuxième partie, sont également visibles; mais je dois m'habituer à détailler l'opération, elle en est plus facile, ainsi je dirai : 2 fois 8 font 16, de 18 reste 2, puis 1 fois 8 est 8, et un retenu 9, de 9 quitte.

La division est finie pour les nombres entiers, il reste deux unités, qui, pour être divisées par 12, doivent subir une réduction; au surplus, nous verrons la lettre suivante.

# LETTRE 28.

DIFFÉRENTE des trois règles de l'arithmétique, la division se commence, comme tu le vois, à main gauche, et finit en continuant à la droite ; prenons ici son usage journalier.

Il s'agissait de partager 458 ₶ entre douze personnes ; la 2e partie, lettre précédente, nous a démontré la part de chaque personne, ou 38 ₶, et 2 de reste. Ces deux livres valent quarante sous ; or, comme la livre tournois est de 20 sous, si nous multiplions 2 par 20, notre nouveau dividende sera 40, et notre nouveau quotient sera des sous.

Exemple.

```
458  { 12
 98    38ᵗᵗ 3ſ 4ᵭ
  2
 20
----
 40
  4
 12
----
 48
  0
----
```

Décimal.

```
45800  { 12ᶠ   ᶜ
 98    { 38.  16.
  20
  80
   8
```

Etc.

Après avoir posé un point pour séparer les livres obtenues d'avec les sous que nous cherchons, je dis, en 3ᵉ partie, en 4, le 4 de 40 sous, combien 1? Il n'est que 3 fois, en voici la preuve : 3 fois 12 font 36, de 40, reste 4 ; si l'on eût dit affirmativement : 4 contient 1 4 fois, que ce 4 eût été placé au quotient, 4 par 12 eût donné 48, excédant le dividende 40.

Je termine ici par multiplier les 4 sous restans par 12 deniers, valeur d'un sou ; j'ai pour nouveau quotient 48, lesquels divisés par 12 donnent 4 deniers au quotient, et zéro pour reste. Chaque personne aura donc 38# 3ʃ 4ᶑ, quotient général de ces quatre divisions réunies.

En calcul décimal, je considère tout comme des nombres entiers ; j'ajoute 2 zéros à la droite de 458 pour avoir deux décimales, et faisant la division, j'ai 3818 pour réponse ; séparant deux décimales au quotient, la réponse est 38f 16c.

## LETTRE 29.

Je destine cette lettre aux preuves des règles d'arithmétique, et je ne crois pas me tromper, en t'assurant que la meilleure à employer pour l'addition, est de recommencer la règle dans une direction opposée, de bas en haut ; par exemple, on peut aussi, dans une longue addition, subdiviser les colonnes de dix en dix, et, par un total de réunion, vérifier celui obtenu d'un seul jet ; à l'égard de la soustraction, la preuve indiquée, lettre troisième, suffit à jamais ; pour la multiplication, on peut, à la rigueur, faire subir un changement aux facteurs ; par exemple, huit, multiplié par quatre, donnent trente-deux, la preuve, c'est que doublant quatre, et prenant la moitié de huit, le produit de cette multiplication sera bien encore trente-deux.

En division, il suffit d'une multiplication des facteurs, et d'ajouter le reste au produit, pour obtenir le dividende.

Je n'oublierai point ici la preuve par neuf, et je la soutiens infaillible.

On prend (pour la multiplication) la somme des chiffres du premier facteur, les neuf étant ôtés, on écrit le reste. On opère de même sur le deuxième facteur; on fait le produit des deux par une multiplication, et, ôtant les neuf comme dessus, ce produit doit être égal au reste de la somme des chiffres du produit des facteurs, les neuf étant également ôtés.

## LETTRE 30.

La preuve par neuf est trop utile à connaître pour ne pas lui consacrer au moins une page.

Neuf par neuf donnent 81 ; 8 et 1 font 9.

Huit par neuf donnent 72 ; 7 et 2 font 9.

Douze par douze donnent 144 ; 1 et 4 5, et 4 9. Ici 12 égale 1 et 2 ; le total est 3, et 3 par 3 font 9.

Multiplication, et sa preuve par neuf.

```
     426    3
     238    4
   -------  --
    3408    3
   1278.
   852..
   -------
  101388    3
           --
            0
```

4 et 2 font 6, et 6 font 12, ou 1 et 2 f. 3
2 et 3 font 5, et 8 font 13, ou 1 et 3 f. 4

12

Ici, du produit 12 ôtant 9, reste 3.

Il est plus simple, et cela revient au même, de dire 1 et 3 font 4, additionnant transversalement le produit 21, ou 2 et 1 font 3, la règle est bonne.

Attendu que la division a aussi deux facteurs, la preuve par neuf s'applique victorieusement à cette règle.

48 } 11 — 2
4 } 4 — 4

8

Le reste, 4

12 font bien 1 et 2, égale, 3.

Le dividende 48, ou 12, ou 3, indique que la division est juste.

## LETTRE 31.

CHACUN sait qu'un quart, la quatrième partie d'une chose s'écrit $\frac{1}{4}$; que *un* est le numérateur, et *quatre* le dénominateur de la fraction, ajoutons que cette figure fractionnaire $\frac{1}{4}$ n'est autre que le reste d'une division, qu'alors les fractions anciennes deviennent décimales.

$$
\begin{array}{r}
42\ \tfrac{1}{4} \\
4 \\
\hline
168 \\
1 \\
\hline
169.
\end{array}
$$

1re preuve. 2e preuve.

| 169 00 | 42 25 | 169 | 4 |
|---|---|---|---|
| 000 00 | 4 | 9 | 42 25 |
| | | 100 | |
| | | 20 | |
| | | 0 | |

Résultat, 42 $\frac{1}{4}$, ou 42 25, sont d'égale valeur : or, s'il est évident que les fractions anciennes se changent en décimales, elles ne sont elles-mêmes que des décimales ; il suffit, pour les obtenir, de les diviser par cent : tu peux te rendre compte de ce résultat par l'opération indiquée 2e preuve ; un franc restant a été réduit, ou plutôt transformé en centimes ; au moyen de deux zéros à sa droite, il a donné la faculté de continuer la division, et, le quotient 25 centimes obtenu à ce moyen, représente exactement un quart ; ici, le quart de cent.

Ce raisonnement s'applique à toute fraction ancienne; en effet, si je prends cent pour dividende, et huit pour diviseur, la fraction un huitième, deviendra, par le quotient de cette division, 0. 12. 50, ou le huitième de cent, et ainsi pour toute autre.

---

# LETTRE 32.

Le régulateur universel est le nombre cent : essayons, en vrai partisan du calcul décimal, le seul à suivre, de démontrer combien il importe de tout ramener à ce centre unique.

Dans toute division, dont le diviseur se trouve supérieur au dividende, le principe de la reproduction du dividende, au moyen des facteurs, n'en existe pas moins; mais ce dividende est considéré comme un reste de division destiné à produire seulement des décimales, ou parties de l'unité.

Si je divise 8 par 124, le quotient sera o . 06c 45 $\frac{20}{124}$. Ce quotient est ce qui se nomme *centime pour franc*, parce quc chaque franc qui compose 124, multiplié par 06$^{c}$, 45 reproduira huit francs.

Soit donc, 8. 00 00. { 124 diviseur. / 0. 06. 45

Après avoir mis un zéro au quotient pour tenir lieu de francs, j'ai transformé ou réduit huit francs en centimes d'abord, au moyen de deux zéros à la droite, ce qui m'a donné huit cents centimes ; le premier de ces zéros ne fait que former 80, donc il ne contient pas 124, alors je pose zéro aux dixaines de centimes, puis faisant la division, en ajoutant, lorsque cela est nécessaire, des zéros au dividende, pour obtenir les décimales du quotient, j'obtiens, pour centime de chaque franc, 0. 06 centimes, et une fraction.

## LETTRE 33.

S'il s'agissait de répartir 500 sur 7420 ; s'il était question de faire payer 7420, sur la faible base de 500, le centime pour franc sert à résoudre promptement ces diverses propositions, et toute autre relative au gain comme à la perte.

Il est évident que si nous trouvons un multiplicateur, lequel, placé dessous 7420, reproduirait 500, la première proposition sera résolue; ce facteur opérant sur chacune des sommes partielles composant, dans l'espèce, la somme de 7420, la preuve se trouvant dans le total des répartitions individuelles, qui serait alors égal à 500, l'opération sera juste.

Or, pour arriver au but, appuyons-nous du principe qui veut qu'en bonne division, le diviseur et le quotient reproduisent le dividende; notre dividende, d'après la nature de la première proposition, sera, bien certainement, 500$^{f}$, le diviseur, 7420, et le quotient ou centime le franc, 0$^{f}$ 06 7385.

En suivant la même marche pour la 2$^{e}$ proposition, le dividende est 7420, le diviseur, 500, et le quotient, ou centime le franc, 14$^{f}$ 84$^{c}$.

Pour éviter la multiplication de chacune des sommes partielles composant 7420 ( 1$^{re}$ proposition ), on forme un tarif qui évite toutes les multiplications à faire, seraient - elles 12, ainsi que nous le verrons ci-après, seraient - elles au nombre de 120, 1200, 12000, 120000, etc., etc. Ce raisonnement s'applique à toute proposition possible, dépendante du centime le franc.

# LETTRE 34.

---

DÉVELOPPONS ici la première proposition.

| Articles. | | | Produit. | | |
|---|---|---|---|---|---|
| 1 | 70f | » | | 4f | 72c |
| 2 | 35 | » | —— | 2 | 35 |
| 3 | 27 | » | —— | 1 | 80 |
| 4 | 30 | » | —— | 2 | » |
| 5 | 42 | 50 | —— | 2 | 85 |
| 6 | 88 | » | —— | 5 | 95 |
| 7 | 100 | » | —— | 6 | 73 |
| 8 | 1000 | » | —— | 67 | 40 |
| 9 | 2000 | » | —— | 134 | 80 |
| 10 | 3000 | » | —— | 202 | 20 |
| 11 | 601 | 20 | —— | 40 | 50 |
| 12 | 426 | 30 | —— | 28 | 70 |
| | 7420 | » | | 500 | » |

Centime le franc :

$$500 \quad \frac{7420}{0.067385.}$$

Si l'on veut multiplier, il est bien certain que 70$^{f}$, ou le premier article multiplié par 0.067385, donnera 4. 72 ; qu'on trouvera ainsi le produit des onze autres articles. On peut déjà s'apercevoir que le centime pour franc remplace la règle de compagnie simple, et par conséquent évite douze proportions ou règles de trois. Formons donc à présent notre tarif, afin de nous passer même de la multiplication par 0.067385.

TARIF SUR LA PREMIÈRE PROPOSITION.

Base : chaque franc de 7420 recevra 0$^{f}$067385.

De là :

| | |
|---|---|
| 1 | 0067385 |
| 2 | 0134770 |
| 3 | 0202155 |
| 4 | 0269540 |
| 5 | 0336925 |
| 6 | 0404310 |
| 7 | 0471695 |
| 8 | 0539080 |
| 9 | 0606465 |

**Guidon du tarif.**

1 fr. 6 centimes.

10 67

100 6. 74

1000 67. 38

100 cent. 6 centimes.

10c 0 0 67

1, négligé.

## LETTRE 35.

Il me paraît fort inutile de m'appesantir sur la formation du tarif établi lettre précédente; rien de facile comme de multiplier par 1, 2, 3, 4, et seulement jusqu'à neuf, le centime pour fr. : ainsi, passons de suite à son usage.

L'article premier de la proposition qui nous occupe est de 70 francs ; je vois, en regard du naturel 7, établi au tarif, un produit de 0471695 ; un coup-d'œil sur le guidon m'apprend que cent francs produiraient 6. 74 ; donc, 70 ne peut produire que 4. 72 ; ce qui est en effet.

L'article 2, même proposition, est de 35 francs.

Consultant le tarif au nombre 3, je trouve 02.02

Et pour l'unité 5 francs, 00.33

La réunion de 35 fr., d'après le guidon, est 2.35

Opérant de même, d'une manière raisonnée à l'aide du guidon, pour les dix autres articles, je complète ma répartition, et le total 500 revenu, justifie les résultats.

Il arrive quelquefois de légères réunions, mais cela ne peut arrêter le calculateur, le tarif est toujours supérieur à tout ce qu'on voudrait y substituer : absolument indispensable, il remplace victorieusement la règle de trois et de compagnie simple, il résoud ces calculs de distribution d'une manière tellement prompte, que je t'en recommande particulièrement l'usage.

Pour terminer de suite et varier la leçon, voici la deuxième proposition un peu abrégée pourtant.

Forme la somme de 500 en neuf parties ou plus, à ton choix ; établis le centime pour franc en prenant pour dividende 7420, pour diviseur 500, le quotient sera 14. 84.

| | |
|---|---|
| Ainsi 1 franc paiera | 14.84 |
| 2 | 29.68 |
| 3 | 44.52 |
| 4 | 59.36 |

Etc.

## LETTRE 36.

On a donné, ma chère amie, le nom de *terme moyen* à ce qui serait le produit de plusieurs multiplications, si, leur valeur totale restant la même, elles étaient toutes égales.

Pour te faire entendre ceci, je multiplie, par exemple, 4 par 6; 5 par 12; 8 par 9; et enfin, 7 par 13 francs; que ces quatre opérations soient faites, le produit réuni sera 247; le total des facteurs, 4., 5., 8 et 7 égale 24, alors 247, divisé par 24, donnera 10f 29c; ce dernier produit se dit *le terme moyen*.

Actuellement, prenons pour deuxième exemple,

Quatre douzaines de bas à treize francs;

Huit douzaines à dix francs ;

Sept douzaines à neuf francs ;

Quinze douzaines à six francs ;

Que ces multiplications soient faites, le produit réuni sera 285, qui, divisé par trente - quatre, nombre de douzaines achetées, donnera, pour *terme moyen* d'achat, 8f 38c, mieux ici, 8f 40c.

En t'exerçant sur une centaine au moins d'opérations analogues, tu obtiendras l'avantage de te fortifier sur les calculs journaliers.

## LETTRE 37.

Tu remarqueras, par expérience, ma chère Elisa, que le terme moyen n'est qu'une division, mais que ses résultats sont précieux ; en effet, il sert à déterminer le gain et la perte, et, certes, ici, l'utilité est bien palpable ; je vais te présenter, par anticipation à la vérité, mais d'une manière facile, quelques résultats du terme moyen.

Nous avons vu que les douzaines de bas nous revenaient, ce qui trivialement se dit, l'une dans l'autre, à $8^{f}\ 40^{c}$ ; supposons qu'il soit question de vendre, ajoutons-y au moins un léger bénéfice, 5 pour cent ; pour y parvenir, nos $8^{f}$ 40 étant huit cent quarante centimes, c'est ici un petit capital à multiplier par cinq : l'opération faite, on aura 42 centimes ; ce résultat sera bénéfice ou perte, à notre choix, ainsi, en ajoutant 42$^{c}$ à 8. 40, on peut vendre, à choisir, 8. 82$^{c}$, à petit bénéfice, et, en retranchant 42$^{c}$ de 8. 40, il restera 7. 98, pour prix forcé, à petite perte, de vente ; et, pour ramener tout ceci à l'unité monétaire ( le franc ), la vente, à 5 p. o|o de gain, sera 8. 80, pour une douzaine.

La vente, à 5 p. o|o de perte, sera 7. 95, et, en calcul ancien, pour contenter tout le monde, si pourtant cela est possible, disons : 8$^{lt}$ 16$^{s}$, et 7$^{lt}$ 19$^{s}$.

# LETTRE 38.

Si le terme moyen n'exige, ce qui est vrai, qu'une division, ce qu'on nomme règle d'alliage simple, n'est qu'un terme moyen ; cette définition résulte de ce qu'une fois sorti des règles principales, addition et soustraction, et de celles auxiliaires, multiplication et division, les proportions elles - mêmes doivent se prêter à l'une de ces règles, afin d'éviter, le plus possible, de parler des règles de trois simples ; car, en calcul ordinaire, on doit savoir s'en passer.

Ainsi, 4 à 12f, 20 à 15f, 30 à 14f, et 15 à 16f, donnent, pour produit, 1008f; la quantité d'objets est de 69.

On pourrait, je le sais, et bientôt tu

le verras, dire par proportion : Si 69 ont coûté 1008, combien 1 ? mais, du moment ou *un* figure dans une opération, il suffit de diviser 1008 par 69, et le quotient, 14f 60c, sera la réponse, le terme moyen, le prix d'alliage, etc, etc.

Tu dois déjà reconnaître, ma chère fille, qu'après la connaissance des principes, vient l'art de les employer, il est un peu facultatif; mais rien n'est à négliger pour abréger le calcul, d'ailleurs c'est le but principal de l'arithmétique, tout doit tendre à y parvenir. Un autre extrême cependant à éviter avec grand soin, c'est de suivre la routine.

## LETTRE 39.

Nous voici presque, sans nous en douter, parvenus à l'une des opérations journalières la plus importante, j'ai dû nommer l'intérêt.

On nomme intérêt le produit d'une somme prêtée pendant un an à un prix désigné sous le nom de taux, pour une somme fixe de *cent francs ;* emprunter à six pour cent, donne l'idée bien précise que chaque fois cent francs, compris dans le capital, produit six francs de bénéfice au prêteur : de là, l'intérêt d'une somme de 424, pendant un an, s'obtient en multipliant cette somme par six, le produit est de 25ᶠ 44ᶜ.

Cette opération est une multiplication

raisonnée, et n'est autre que la règle de cent ; elle s'applique à ce que tu as vu au terme moyen, et à son bénéfice, de même qu'à ce qui se nomme escompte sur billet ou sur facture, à la commission de vente ou d'achat, à la tare, et à tout calcul enfin, vulgairement dit : *tant pour cent.*

Il est bien certain que ce n'est pas toujours sur une année tout juste, que l'intérêt s'établit ; ce calcul trouve ses fractions dans les 365 jours, dont l'année ordinaire est composée, et encore dans les 360 jours de l'année dite de banque.

Dans toute hypothèse, voici le seul et unique principe à suivre :

Soit 1400f, à 6 p. 0/0 (*a*), pour 17 jours.

---

(*a*) On écrit six pour cent, 7, 8, 9, etc., pour

Je multiplie la somme par les jours, ici, 1400 par 17, et j'obtiens 23800 pour produit, multipliant ensuite 23800 par le taux d'intérêt; ici, 6 p. 0|0, j'ai pour nouveau produit 142800 à diviser par 360, ou par 365 jours, selon l'année qui doit être employée d'après convention.

*Opération.*

| Année ordinaire. | | Année de banque. | |
|---|---|---|---|
| 142800 | 365 | 142800 | 360 |
| 3330 | 3.91c | 3480 | 3. 96. 6 |
| .450 | | 2400 | |
| .85 | | 240 | |

cent, ou simplement 6 p. 0|0, 7 p. 0|0, une fois dit.

*Nota.* L'intérêt est de 5 p. 0|0, on le dit légal; celui à 6 p. 0|0 est exclusif pour le commerce; hors de là, *point de salut.*

## LETTRE 40.

Pour varier, autant que possible, nos connaissances en arithmétique, voici un usage de la division, que la lecture des lettres précédentes te permet d'examiner et d'apprendre tout à la fois, sans grande application d'esprit.

Avec la division, on trouve quel serait le capital qui, à un taux d'intérêt quelconque, fournirait une rente annuelle, à la volonté du demandeur; et, par une analogie bien fondée, le prix à mettre à telle propriété, pour un revenu demandé.

On veut 552f derente, à 4 p. 0[0, quel sera le capital? D'abord, si 4 est la rente de cent francs, 552, ou cinq cent cinquante et deux réunis, divisés par 4, présentéront, pour quotient, le nombre de centaines, dont sera, à son tour, composé le capital cherché; cette division faite, le quotient, 138, indique 138 centaines; ajoutons-y deux zéros, pour tenir la place de la dixaine et de l'unité, 138 alors deviendra 13800; cette dernière somme est la réponse.

Par une suite bien naturelle de l'application ci-dessus,

Si, 13800 et 552 étaient additionnés, le total, 14532, est composé d'un capital et d'un intérêt annuel de 4 pour o[o; on veut trouver l'un et l'autre.

Je divise 14352 par 104, parce que 100 est un capital, dont 4 est l'intérêt, et le quotient, 138, forme les centaines du capital, donc il est 13800; si, enfin, je soustrais 13800 de 14352, la demande aura sa réponse.

# LETTRE 41.

On a donné, en calcul de banque, ma chère Elisa, le nom de *nombres* à des produits obtenus de la multiplication d'une quantité de jours de l'année par la somme placée, ou dont l'intérêt doit courir pendant cette quantité de jours; par exemple, 360 jours multipliés par cent francs, donnent 36000. Ce produit a reçu le nom de *nombres*.

On s'est appuyé sur la division de 36000 par les naturels 1, 2, 3, 4, 5, 6, etc., pour cent, qui déterminent le taux d'intérêt, et ces diverses données me permettent d'établir le tableau qui suit, porté par réflexion jusqu'à dix pour cent.

## Année de 360 jours.

Base : à 6 p. 0/0, le total des nombres se divise par 6000.

De-là :

| Taux. | Diviseurs. |
|---|---|
| 1 pour cent, | 36000 |
| 2 | 18000 |
| 3 | 12000 |
| 4 | 9000 |
| 5 | 7200 |
| 6 | 6000 |
| 7 | 5142 |
| 8 | 4500 |
| 9 | 4000 |
| 10 | 3600 |

Voici l'application des nombres :

Soit 1400 fr. pour 17 jours, à 6 p. 0/0.

Année de 360 jours.

1400 fr.
17 jours.

9800
1400.

23800 | 6000
58000 | 3.96
40000
4000

Les nombres 23800 divisés par 6000 (voir le tableau), ont donné pour 17 jours d'intérêt à 6 p. 0|0, d'une somme de 1400 fr., trois francs quatre-vingt-seize centimes.

Je répéterai ici, pour n'y plus revenir, que les nombres divisés par l'indicateur porté au tableau, vis-à-vis du taux d'intérêt employé, donnent la somme des francs de l'intérêt cherché ; en cela, ce calcul est commode : aussitôt le calcul des nombres épuisés, l'adjonction de deux zéros, la réduction décimale enfin, donnent le moyen d'obtenir les centimes.

La clarté de cette opération me dispense de tout autre exemple ; cette règle est infaillible, elle découle du vrai principe, elle est *une*, et donnera le résultat cherché d'après l'état de la question, depuis 1 jour jusqu'à 360, et dix mille jours, au-delà, si l'on veut.

---

## LETTRE 42.

Il est tout naturel de placer ici, ma bonne amie, une opération de portefeuille, qui est de tout instant, elle nous fortifiera sur le calcul des *nombres*.

Soit le premier janvier, trois effets, ensemble, 1200f, savoir : sur Paris,

| | | | |
|---|---|---|---|
| N° 14, | au 17 mars, | 400f | » |
| 15, | au 25 avril, | 300 | » |
| 16, | au 15 mai, | 500 | » |

| | | |
|---|---|---|
| Le N° 14, | à 75 jours, ou | 30000 (*a*). |
| 15, | 115 | 34500 |
| 16, | 135 | 67500 |
| | Nombres, | 132000 |

(*a*) Le n° 14 du 1er janvier au 15 mars a 75 jours à courir; SAVOIR : Janvier, 31, février, 28, mars, 16 ; total, 75, et ainsi des autres, pour trouver le total des jours, soit d'un compte courant, d'échange, etc.

A échanger contre 1200f, savoir :

| | | | |
|---|---|---|---|
| Paris, | 10 janvier, | 500f | |
| | 30 *id.* | 650 | |
| Mandat | 5 janvier, | 50 | |
| Le premier effet à 10 jours, ou | | | 5000 |
| Le 2e | 30 jours, | | 19500 |
| Le 3e | 5 jours, | | 250 |
| | | Nombres, | 24750 |

De 132000, ôtant 24750, il reste, pour différence, 107250, lesquels, divisés par 6000, à 6 p. 0/0, donnent 17. 87.

C'est donc 17f 87c à payer au banquier, pour balance d'intérêts respectifs.

## LETTRE 43.

Sans trop brusquer, dans cet essai, je veux pourtant te montrer de loin, au moins, ce qu'on a nommé puissance, en bonne arithmétique.

La première puissance est un, l'unité.

L'unité est la mesure commune, et le principe; elle forme un tout; elle est composée de toutes ses parties; il ne lui manque absolument rien. On a l'idée de l'unité et de la pluralité, en comparant une chose à plusieurs choses de même espèce.

La deuxième puissance est un nombre multiplié par lui-même, 5, par exemple, par 5, donne 25; 25 est deuxième puissance, ou carré, dont cinq est la racine carrée.

La 3e puissance est formée d'un nombre trois fois facteur, ainsi 5 par 5 donnent 25; et 25 par 5, ou 125, pour 3ᵉ puissance ou cube, dont cinq est la racine cubique.

Un nombre élevé à son carré, est deux fois facteur.

Un nombre élevé à son cube, est trois fois facteur; et, de ce qui précède, il résulte le petit tableau ci-après :

| Série naturelle. — racines. | 2ᵉ puissance ou carrés. | 3ᵉ puissance ou cubes. |
|---|---|---|
| 1 | 1 | 1 |
| 2 | 4 | 8 |
| 3 | 9 | 27 |
| 4 | 16 | 64 |
| 5 | 25 | 125 |
| 6 | 36 | 216 |
| 7 | 49 | 343 |
| 8 | 64 | 512 |
| 9 | 81 | 729 |
| etc. | etc. | etc. |

Les mesures de superficie se calculent par le carré, celles de solidité se calculent par le cube.

Pour mesurer une surface de 6 pieds sur 6 pieds, on dit : 6 fois 6 font 36.

Pour évaluer un solide, on s'est appuyé sur le cube.

Ainsi, 12 pouces de largeur,
12 d'épaisseur,
12 de longueur,

produisent 1728 pouces cubes, ou 3e puissance du nombre naturel 12, et, pour te faire une idée des puissances, souviens-toi seulement que la 12e puissance de 2 est 5696, et puis c'est tout.

# LETTRE 44.

Avant d'aborder la règle de trois, ou de proportion, je dois, ma chère amie, te présenter le principe général, intitulé : Le produit des extrêmes est égal à celui des moyens.

Si je pose, sur une même ligne,

4 4 4 4

le produit des deux chiffres du milieu, que j'appelle l'un et l'autre les moyens, donnera bien seize ; de même, le produit des deux chiffres placés à chacune des extrémités, donne également seize, donc le produit des extrêmes est égal à celui des moyens.

Au moyen de cette proportion, trois

nombres étant donnés, rien de facile comme de trouver le quatrième.

5 est à 5 comme 5 est à.........

Je reconnais facilement qu'il me manque un extrême, alors, multipliant les moyens, j'obtiens 25, et, 25 divisé par l'extrême connu, 5 me donnera pour quotient 5 extrême manquant.

---

## LETTRE 45.

Tu peux maintenant me suivre dans l'application suivante : Si 4 aunes ont coûté 12 francs, combien 8 aunes ? Réponse, 24 francs.

J'ai formé, ainsi que cela doit être, l'un des moyens de la même valeur que celle cherchée ; ici, ce sont des francs, et, d'après le principe, multipliant le moyen 12 par l'autre moyen 8, le produit 96, divisé par l'extrême connu 4, m'a donné pour quotient ou 4e terme, ou extrême connu, pour réponse 24 enfin ; or, 24 est le nombre de francs que doivent coûter 8 aunes pareilles aux quatre aunes qui en ont coûté 12. Ensuite, la preuve que le produit des extrêmes est égal à celui des moyens, c'est que 12 par 8 donnent 96, et que 4 par 24 égalent 96 : telle est la règle de *trois simple.*

*Opération.*

| E(*a*) | | M(*b*) | | M(*b*) | | E(*a*) |
|---|---|---|---|---|---|---|
| 4 | est à | 12 | comme | 8 | est à | 24. |

---

(*a*) E signifie extrême.

(*b*) M signifie moyen.

## LETTRE 46.

Une réflexion bien naturelle pourtant, la voici : Quatre aunes ont coûté douze francs, combien coûteraient huit aunes? Cette proportion peut servir d'introduction pour l'opération dite règle de trois simple; toute règle de trois est même susceptible d'être ramenée à cette formule si simple, et cependant la question ci-dessus, ou toute autre, dans laquelle on réserve quelques données, ici, par exemple, le prix de l'aune ne peut qu'exercer l'esprit, préparer à l'étude des sciences abstraites, sans beaucoup instruire en calcul journalier.

D'abord, pour que quatre aunes aient produit douze francs, il a fallu un prix de cette aune ; l'achat aurait - il lieu en bloc, la division l'indiquerait.

Divisons donc douze francs par quatre aunes, le quotient sera trois francs, or, trois francs est le prix de l'aune ; dès-lors, huit aunes à trois francs coûteront vingt-quatre francs.

*Opérations.*

| Division. | | Multiplication. |
|---|---|---|
| 12 | 4 | 8 |
| .. | 3 | à 3 |
| | | 24. Réponse. |

## LETTRE 47.

Je dois continuer, ma bonne amie, à te développer l'usage des proportions.

Trois premiers termes étant connus, tu vois ce qu'il faut faire pour déterminer le quatrième. Lorsque, par l'examen d'une question, on a donné à des quantités quelconques, la disposition convenable pour établir la proportion, l'une des quantités et sa relative forment les extrêmes ; l'autre quantité principale et sa relative forment nécessairement les moyens : ainsi, c'est toujours le quatrième terme d'une proportion qu'il s'agit de trouver.

N'oublie jamais, ma chère Elisa, bien qu'on ait souvent imprimé et débité le contraire, que, pour bien résoudre une question, il faut en examiner *la nature,* et non pas l'énoncer ; de cette manière de voir dépend seule la facilité de ramener souvent une opération compliquée à une règle de trois simple d'abord, quelquefois, et assez souvent même, à une simple division, ou seulement, en finir tout à coup au moyen du centième ou du centime le franc.

# LETTRE 48.

Que d'autres s'extasient sur les proportions, moi, je cherche à les éviter en arithmétique journalière.

On me dit : 15 ouvriers en 12 jours ont fait 150 mètres, combien 18 ouvriers en feront-ils en trois jours ? Voici une règle de trois composée, je la traduis en proportion, par respect pour le principe ; je te fais grâce des préparations d'usage.

180 est à 150 comme 54 est à 45.

Examinons les quinze ouvriers, qu'ont-ils fait ? 180 journées, ou 12, par 15, il reste donc à diviser 150 mètres par 180 mètres, le quotient $0^m833$ est un centième pour mètre, comme pour les francs ce serait un centime le franc. Concluons donc que 18 ouvriers pendant trois jours, égalent 54 ouvriers pendant un jour; lesquelles 54 journées multipliées par notre quotient, notre centième pour mètre, nos 0m833; ce que nous voyons être enfin le produit d'un jour par chaque ouvrier, le produit de cette multiplication donnera 45 mètres pour réponse.

*Opération.*

Le multiplicande ou premier facteur.

```
        0.833
par        54
      -------
         3332
        4165.
      -------
       44.982
```

qu'on peut traduire par 45 mètres.

## LETTRE 49.

Essayons de parler proportions, règle de trois, puisqu'enfin nous y sommes, et qu'il est bon de connaître un peu de tout.

30 hommes ont fait un certain ouvrage en 25 jours, combien faut-il d'ouvriers pour le faire en 10 jours? Je doute que cette règle de trois, inverse et simple, soit d'un grand usage; la première idée, pour la résoudre, c'est qu'il faut d'autant plus d'hommes, que le nombre de jours est moindre, alors, 10 est à 25 comme 30 est à 75. Réponse 75. Dans la règle de trois composée, il s'agit de composer les rapports d'après l'état de la question; quand ces rapports sont écrits et examinés, la règle rentre de suite dans la proportion simple.

Un nombre d'hommes ont fait un ouvrage en un certain nombre de jours, combien un autre nombre d'hommes en feront-ils pendant un autre nombre de jours, voici un exemple:

30 hommes ont fait en 18 jours 132 T., combien, pendant 28 jours, 54 hommes pourront-ils en faire ?

54 hommes, en 28 jours, égalent 1512 hommes pendant un jour, ou 28 multipliés par 54;

Et, 30 hommes, pendant 18 jours, égalent 540 hommes, pendant un jour, ou 30, multipliés par 18;

Ainsi, la règle revient à cette proportion simple : si 540 hommes sont remplacés par 1512 hommes, combien 132 toises s'éleveront-elles en quantité ?

Réponse, 369 T. 3 P. 7 p. 2 l. (*a*).

---

(*a*) Après avoir obtenu 199585 pour dividende, et placé 540 pour diviseur, on aura pour quotient

## LETTRE 50.

Encore des proportions; mais tu les trouveras sans doute un peu forcées, les voici néanmoins : On veut partager 1200f entre trois personnes, de telle sorte, que l'une ait la moitié, l'autre le tiers, la troisième le quart; on veut quelquefois l'impossible, c'est un peu la mode du siècle, aussi se trouve-t-on fort souvent dans une fausse position.

Si ces personnes veulent se contenter d'une portion relative des 1200 francs, cela sera pourtant bientôt fait, c'est une

---

369 toises, et il restera 324 à réduire en pieds, pouces, lignes, à mesure qu'on divisera. La manière d'opérer cette réduction se trouve expliquée lettres 20 et 21, et encore à l'addition des toises.

proportion ; mais, cette fois, elle sera établie sur une fausse position, je me servirai du nombre douze, sa demie est six, son tiers quatre, son quart est trois, le total de ces données égale treize. S'il te prend un jour fantaisie, mon Elisa, de continuer cette règle, ce que je ne te conseille que pour te familiariser avec la règle de trois simple, voici les proportions :

Si 13 a gagné 1200, combien 6 ?

Réponse, 553. 84 pour le premier, le reste est facile.

## LETTRE 51.

Débutons par une règle de compagnie simple :

Trois marchands ont fait société; le gain se monte à 800 francs ;

| | |
|---|---|
| Le premier avait mis | 1300f |
| Le second | 1000 |
| Le troisième | 600 |
| Total des mises, | 2900 |

Il est évident que la mise totale a gagné 800f, alors cette mise sera le premier extrême de la proportion : le gain devient le premier moyen ; le second moyen sera la mise du premier, dans la première opération, et, tout restant dans le même ordre, la mise du second vien_ dra se placer second moyen à la deuxième ; même raisonnement pour le troisième : la réunion des extrêmes, quand elle sera connue, égalera 800, gain total. Tout sera terminé par l'emploi d'une simple règle de trois pour chaque associé.

| | | |
|---|---|---|
| 2900 est à 800 comme | 1300 est à | 358 60 |
| | 1000 | 275 85 |
| | 600 | 165 51 |
| | Reste négligé | 04 |
| | | 800 00 |

# LETTRE 52.

Si je considère attentivement 2900, total des mises de la règle de compagnie, qui fait l'objet de la lettre précédente; si je le compare à 800, total du gain, le centime pour franc me dispensera de faire usage des proportions.

Divisant 800 par 2900 j'obtiens $0^f\ 27^c$ 585; ainsi tout se trouve terminé, chaque franc, de 2900, a gagné $0^f$ 27585, pourquoi ferais-je autant de règles de trois qu'il y a de sociétaires ? Combien de chiffres, de règles de proportions, de causes d'erreurs; combien de travail à faire, si, comme cela pourrait être, les associés étaient dix seulement, au lieu de trois qui nous occupent, ensuite, la preuve d'une règle de trois ne peut se faire régulièrement que par une autre règle de trois, dans laquelle, renversant l'ordre des moyens et celui des extrêmes, on obtient, si la première est bien faite, l'extrême déjà connu.

Plus on y réfléchit, plus on doit préférer l'emploi du centime pour franc, son application, et le tarif que j'ai indiqué remplacera utilement toute règle de trois simple.

Application du centime pour franc.

| | | |
|---|---|---|
| 1300, par 027585, donne | | 358 60 |
| 1800 | | 275 85 |
| 600 | | 165 51 |
| | Négligé | 04 |
| 2900 | | |
| | | 800 |

## LETTRE 53.

Si nous voulons des proportions, en voici l'emploi en arithmétique journalière :

C'est une règle de compagnie composée.

Le 1er a mis 3000f pendant 6 mois.

Le 2e 4000 5 mois.

Le 3e 5000 9 mois.

Le gain est de 12050 fr., quelle est la part de chacun ?

Ici tout doit être réduit au même tems.

3000, mise du premier, ont dû produire en six mois autant que 6 fois 3000, ou 18000 pendant un mois.

4000, du deuxième, pendant 5 mois,

autant que cinq fois 4000, ou 20000 pendant un mois.

8000, du troisième, ont produit dès-lors comme 72000 pendant un mois.

Le total des mises proportionnelles se trouvera de 110000 : reste à faire trois proportions, dont voici la première : 110000 est à 12050, gain, comme 18000 est à 1971.

---

# LETTRE 54.

L'ESCOMPTE sur facture est un rabais pour cent combiné avec le terme accordé ; en vrai commerce, le négociant achète comptant et vend à terme, sous escompte de demi pour cent, ou 6 p. o|o.

Soit une facture de 2743, à 6 p. o|o ; elle donne pour escompte 164. 60 à déduire, à moins que l'acheteur ne jouisse du terme, qui alors est de six mois.

La commission est une prime accordée soit pour achat, soit pour vente ; elle est de 2 à $2\frac{1}{2}$ ; ainsi, achat ou vente, 400 à $2\frac{1}{2}$, donnent 10 fr. de commission.

La tare est une réduction de tant pour cent sur le poids brut d'un ballot.

Le courtage est une prime accordée

au courtier pour vendre une partie de marchandises : on dit à $\frac{3}{4}$ pour cent de courtage, par exemple ; mais ici les $\frac{3}{4}$ sont ceux d'un pour cent ; il faut retrancher quatre chiffres au produit de multiplication ; ainsi 4007 fr. par 75 ou $\frac{3}{4}$ de cent, donnent 337500, duquel retranchant quatre décimales, reste au courtier 33. 75.

Le change est une prime payée à un banquier pour obtenir du papier sur une place étrangère. La différence de valeurs d'une place à l'autre, la confiance publique ou particulière, la situation présumée des affaires, tout cela donne au change plus ou moins d'élévation ; c'est le terme moyen d'une grande convention : supposons-le à 3 p. 0/0 pour 3000 ; je multiplie 3000 par 3, j'ai 90 fr. pour le change ; je souscrirai 3090 pour toucher 3000 à Marseille. C'est ici une donnée générale.

# LETTRE 55.

Permets-moi d'aborder le chapitre des fractions, je te promets de t'épargner l'absurde aridité que l'usage semble avoir autorisée jusqu'à ce jour.

Une fraction sert à exprimer des quantités plus petites que l'unité; elle s'écrit sous la forme suivante : $\frac{1}{2}$ $\frac{1}{4}$ $\frac{1}{3}$; ce qui veut dire demi, quart, tiers; il en est ainsi de toute fraction : le chiffre supérieur se dit numérateur de la fraction; l'inférieur n'est qu'un dénominateur.

Ainsi, dans la fraction $\frac{2}{3}$, ou deux fois un tiers, l'entier est présumé divisé en trois parties; le dénominateur est donc 3, et le numérateur 2 exprime deux parties de cet entier présupposé, divisé en trois ; de cette sorte, ici, que $\frac{2}{3}$, ou deux tiers, plus $\frac{1}{3}$, ou un tiers, représentant, par une addition, l'entier coupé en trois parties, on est donc bien fondé à dire qu'une fraction peut se concevoir le reste d'une division.

A moins de dérouler devant toi, ma chère Élisa, l'immense tableau de ce qui, dans l'univers connu, a reçu le nom d'unité, on ne saurait effleurer que d'une manière imparfaite la théorie des fractions ; il faut, en ceci, se contenter du principe. Fort heureusement, le calcul décimal nous offre une compensation, un terme moyen fort agréable ; toute fraction possible peut se réduire en décimales ; et j'ai l'avantage de t'annoncer, pour la première fois, que les fractions anciennes n'existent plus que pour ceux qui persistent à s'en servir.

# LETTRE 56.

Le nombre cent peut être reconnu *dénominateur général* ; $\frac{100}{100}$ égalent un, ou l'unité sous telle forme qu'elle puisse se présenter ; avec l'auxiliaire zéro, nous aurons l'unité représentée par $\frac{1000}{1000}$ $\frac{10000}{10000}$, etc.

Mais déjà $\frac{50}{100}$ sera la fraction $\frac{1}{2}$, ou moitié de cent $\frac{25}{100}$, sera quart de cent, $\frac{333}{1000}$ en est le tiers, etc.

Ces données sont tellement faciles, que je dois m'abstenir d'explications devenues désormais inutiles, sur la série des fractions anciennes auxquelles on doit renoncer à jamais.

| Je veux additionner | $\frac{3}{4}$ | ou | 0 75 |
|---|---|---|---|
| | $\frac{2}{3}$ | ou | 0 67 |
| | $\frac{1}{3}$ | ou | 0 33 |
| TOTAL | | | 1 75 |

Où sera donc, aujourd'hui, la difficulté d'opérer sur des fractions? $\frac{3}{4}$ égalent bien 0 75, puisque cent divisé par quatre égale vingt-cinq, et que le numérateur 3 multiplié par 25 reproduit bien 0 75. J'ai traduit $\frac{2}{3}$ et $\frac{1}{3}$ en décimales par le même raisonnement, et la preuve sans réplique, c'est que si autrefois $\frac{2}{3}$ et $\frac{1}{3}$ valaient un entier, 67 et 33 égalent l'entier *cent*.

Si j'ai le droit de t'ennuyer par mes leçons, ma chère Élisa, je crains d'en avoir abusé dans le cours de ce petit ouvrage, et, pourtant, ma fille bien aimée, tu n'y trouveras qu'une légère partie de l'arithmétique.

FIN.

# TABLE.

www.ingramcontent.com/pod-product-compliance
Ingram Content Group UK Ltd.
Pitfield, Milton Keynes, MK11 3LW, UK
UKHW021057200726
13857UKWH00003B/972

9 782013 056588